从打字机到计算机的

发明

10 大科技发明

嘉兴小牛顿文化传播有限公司　编著

四川大学出版社
SICHUAN UNIVERSITY PRESS

项目策划：唐　飞　王小碧
责任编辑：宋彦博
责任校对：谢　鋆
封面设计：呼和浩特市经纬方舟文化传播有限公司
责任印制：王　炜

图书在版编目（CIP）数据

从打字机到计算机的发明：10大科技发明 / 嘉兴小
牛顿文化传播有限公司编著. — 成都：四川大学出版社，
2021.4
　　ISBN 978-7-5690-4144-6

　　Ⅰ . ①从… Ⅱ . ①嘉… Ⅲ . ①创造发明－世界－少儿
读物 Ⅳ . ① N19-49

中国版本图书馆 CIP 数据核字（2021）第 004300 号

书名　从打字机到计算机的发明：10 大科技发明
CONG DAZIJI DAO JISUANJI DE FAMING: 10 DA KEJI FAMING

编　　著	嘉兴小牛顿文化传播有限公司
出　　版	四川大学出版社
地　　址	成都市一环路南一段 24 号（610065）
发　　行	四川大学出版社
书　　号	ISBN 978-7-5690-4144-6
印前制作	呼和浩特市经纬方舟文化传播有限公司
印　　刷	河北盛世彩捷印刷有限公司
成品尺寸	170mm×230mm
印　　张	5.5
字　　数	69 千字
版　　次	2021 年 5 月第 1 版
印　　次	2021 年 5 月第 1 次印刷
定　　价	29.00 元

◆ 读者邮购本书，请与本社发行科联系。
　　电话：(028)85408408/(028)85401670/
　　(028)86408023　邮政编码：610065
◆ 本社图书如有印装质量问题，请寄回出版社调换。
◆ 网址：http://press.scu.edu.cn

四川大学出版社
微信公众号

编者的话

在现今这个科技高速发展的时代，要是能够培养出众多的工程师、数学家等优质技术人才，即能提升国家的竞争力。因此 STEAM 教育应运兴起。STEAM 教育强调科技、工程、艺术及数学跨领域的有机整合，希望能提升学生的核心素养——让学生有创客的创新精神，能综合应用跨学科知识，解决生活中的真实情境问题。

而科学家是怎么探究世界解决那些现实问题呢？他们从观察、提问、查找到实验、分析数据、提出解释等一连串的方法，获得科学论断。依据这种概念，"小牛顿"编写了这套《改变历史的大发明》——通过人类历史上 80 个解决问题的重大发明，以故事的方式引出问题及需求，引导孩子思索蕴藏其中的科学知识和培养探索精神。此外，我们也

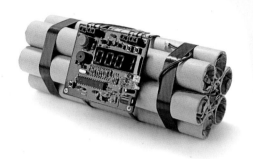

希望本书设计的小实验，能让孩子通过科学探究的步骤，体验科学家探讨事物的过程，以获取探索和创造能力。正如 STEAM 最初的精神，便是要培养孩子的创造力以及设计未来的能力。

这本书里有······

📖 发明小故事

用故事的方式引出问题及需求，引导我们思索可能的解决方式。

科学大发明

以前科学家的这项重要发明，解决了类似的问题，也改变了世界。

⏳ 发展简史

每个发明在经过科学家们进一步的研究、改造之后，发展出更多的功能，让我们生活更为便利。

💡 科学充电站

每个发明的背后都有一些基本的科学原理，熟悉这些原理后，也许你也可以成为一个发明家！

✋ 动手做实验

每个科学家都是通过动手实践才能得到丰硕的成果。用一个小实验就能体验到简单的科学原理，你也一起动手做做看吧！

目　　　录

如何增加棉纱的产量？

"快来看这个！"欧文向詹姆士招手。詹姆士看见一群人围着一个布告栏议论纷纷，他好奇地走近。

"伦敦工艺协会……设立奖金。喔，这就是之前他们说要奖励发明新纺纱机的人的事。还真的设立了奖金啊！"詹姆士微微一笑，这跟他猜想的一样。

归功于不久前约翰发明的飞梭，现在织布的方式比以前用左右手来接送梭子的方式快了很多。但织布原料——纱的生产速度却没跟上。手摇纺纱机一次只能纺一根纱，五个纺纱工人生产出来的纱，只够供一位织工来织布，棉纱供应得太慢把工艺协会逼急了，设立了奖金给能够解决这个问题的人。

欧文咧嘴一笑，说："詹姆士平常最爱发明，今天怎么没发表什么意见？"

"是啊，你是不是有个孩子快要出生？趁现在先赚一笔啊！"史密斯用手肘碰了碰詹姆士说。

"我？你们别说笑了！我还真想不到什么新发明呢。不管了，我先回去了，老婆还在等我呢。"詹姆士边说边朝他的朋友们挥挥手离开了。

史密斯朝欧文使了个眼色，轻声细语地说："别看詹姆士这样，他一定已经开始思考要怎么做，搞不好哪天就会突然拿出新玩意儿了。"

另一边，回到家的詹姆士一进门就叹了口气。"工艺协会那边真的设立奖金了。"詹姆士对着正在纺纱的妻子珍妮轻描淡写地说。

"这样啊。"妻子珍妮抬起头，"有奖金当然是好事，这次不晓得谁有本事改善这种状况，不然纺纱的进度太慢，协会很着急。"珍妮照样熟练地边纺纱边说话。

詹姆士看着妻子正卖力地纺纱。"是啊，现在纺纱的速度太慢了，有什么方法能加快速度呢？"詹姆士边走边想着，居然不小心撞倒了妻子正在操作的纺纱机。

"哎呀——老天！"詹姆士惊呼一声，赶快蹲下来想把纺纱机扶正。詹姆士蹲下看向倒地的机器时，忽然停顿了下来。

"等一下！"他挥手示意妻子先别移动纺纱机。"你看，还在转动的纺轮继续拉着纺锤纺纱，原本横着的纺锤现在直立在那里。"詹姆士指着纺锤说。

"怎么了？"妻子珍妮望着还在转动着的纺纱机问。

詹姆士的眼里闪动着光，说："如果把几个纺锤直立着排列，用同一个纺轮带动，让纺轮一次拉动多个纺锤，那么效率会不会提高好几倍呢？"

这个新想法像一系列清脆的音符在他脑子里持续响着。詹姆士迫不及待地制作出一个木架，在木架上放着数个直立的纺锤，木架边再装上能拉动纺锤的纺轮。纺织的人只要转动纺轮，一个人操作，就能一次同时拉动数根纺锤！

后来，詹姆士发明的新纺纱机大受欢迎，他以妻子的名字来命名，叫它"珍妮纺纱机"。有人说珍妮纺纱机是第一次工业革命的开端，更有人说这个发明是被詹姆士"一脚踢出来的"呢。

科学大发明——纺纱机

　　大航海时代，通往东方的新航路被发现后，英国把印度殖民地出产的棉花送回欧洲制成棉布衣料，棉纱成为当时市场上能快速致富的重要商品。但是，那时候的手摇纺纱机与手织机生产速度太慢，因此有不少人从事纺织机器改良或发明的工作。

　　1733年，约翰·凯伊发明了飞梭，让织布的速度大幅提升。虽然织布效率提升，但棉纱的供应量依然不足，因此伦敦工艺协会在1760年开始设立奖金奖励提高纺纱机效率的人。1764年，詹姆士·哈格里夫斯发明了可以一次纺好几根纱的"珍妮纺纱机"，使纺纱的速度快速提升，他在1768年取得了此纺纱机专利权。

　　1769年，理发师阿克莱特研究出了另一种新式纺纱机。这种纺纱机纺出的棉纱比较坚韧，结构也比珍妮纺纱机复杂，借由许多滚轴转动纺出棉纱。因为可以把纺纱机装在水车上面，利用水力来转动滚轴，带动机器纺纱，所以被叫作"水

所谓"纺纱"，指的是将纤维材料如棉、麻、毛制作成纱线的过程。图为羊毛的手工纺纱

力纺纱机"。

　　哈格里夫斯的珍妮纺纱机与阿克莱特的水力纺纱机相继问世后，大幅提升了棉纱的供应量，不过仍然有人继续改良纺纱机。1779 年，纺织工人克朗普顿集合了这两种纺纱机的优点，发明了骡机，又称"走锭精纺机"。骡机以水为动力，一次能带动三四百个纱锭，做出的纱线既细又不容易断。

　　新的纺纱机解决了棉纱短缺的问题，甚至超过了原本的需求。过量生产的棉纱又使得飞梭织布机跟不上脚步，刺激了织布机的创新发明，于是牧师卡特莱特在 1785 年发明了"动力织布机"。

　　到了 1792 年，美国的一个小学老师辉特尼发明了轧棉机，可以快速分离棉花纤维和种子。1926 年，日本人丰田佐吉发明了自动换梭织机。到了 20 世纪 70 年代以后，无梭织机开始投入市场，在世界各国被广泛采用，成为纺织的主流。许多先进国家的无梭织机占有率高达 80%。

发展简史

1637 年

记载在明朝宋应星《天工开物》中的纺纱机。

1768 年

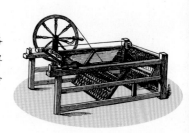

詹姆士·哈格里夫斯获得了珍妮纺纱机的专利。

1779 年

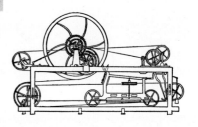

纺织工人克朗普顿发明了骡机。

1785 年

牧师卡特莱特发明了动力织布机。

怎样能提高纺织的速度呢？

纺纱工人把纱线纺好，后续就要用这些纱线来织布。常见的织布方法有针织法与梭织法。

针织法是利用多根纱线环环相扣，将线圈不断套叠而成。我们在家中就可以利用棒针或勾针来织毛线衣，这些都属于针织法。

梭织法则是用经纱和纬纱来织布。经纱是纵向，纬纱是横向，它们互相垂直交织。原始人用草编篮子的时候，用的就是梭织法。

中国在汉代之前就有使用梭子的纪录。在传统的织

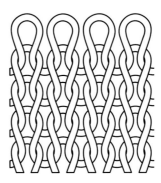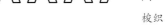

针织　　　　　　梭织

布机上，先把经线按要求穿进不同的综框，当综框上下开合时，用梭子带着纬线来回穿梭。

飞梭发明以前，织工要用一只手将梭子穿过布的开口，传到另一只手，不但编织的速度慢，由于结构的限制也只能编织窄幅布。如果要织宽一点的布匹就需要请两个织工，让他们站在织布机的两边操作。

1733 年，约翰·凯伊发明的飞梭可以说是纺织业的一大创新，这个发明让梭子能自动送回而不需要靠人力，像是梭子自己会飞一样，所以才叫"飞梭"。飞梭的构造并不复杂，是安装在滑槽里的一片梭子。滑槽两端装上弹簧，再将梭子装上小轮子，这样它就可以快速地来回移动，提高织布效率，也节省了人力，而且无论是宽布或窄布都可以操作。

约翰·凯伊发明的飞梭是织布机工作效率提升的一大突破。

自己编手链

纺织机可以快速织出许多布，工作效率更高，我们也可以自己动手，编织出自己喜欢的手链。

最后，可以按照自己的喜好粘贴亮片进行美化，完成手链的制作。

材料

吸管

毛线

剪刀

胶水

亮片

步骤

1 将两根吸管剪短，各自从中间穿过一条毛线，并且固定在吸管上。吸管外的毛线预留 30 厘米左右。

2 拿出一捆毛线，留下 15 厘米的线头后，开始在对齐的吸管上以倒 8 字来回穿梭缠绕。

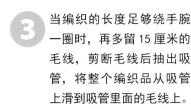

3 当编织的长度足够绕手腕一圈时，再多留 15 厘米的毛线，剪断毛线后抽出吸管，将整个编织品从吸管上滑到吸管里面的毛线上。

4 编织时留下的头尾线头分别与原先吸管里的两条毛线打结固定，再将多余的毛线编织成上下两条辫子后固定。

如何制作稳定又有效的炸药？

　　瑞典人阿尔弗雷德·诺贝尔的父亲是个发明家，经营着制造军火及生产军用物资的生意，在诺贝尔年纪还很小的时候，

他们就举家搬到了俄罗斯。后来，诺贝尔一家因为欧洲爆发了克里米亚战争而致富。但好景不长，战争结束后，新的政府并不支持其家族产业的发展，使得诺贝尔父亲的公司走向破产。

出国游学的诺贝尔归国后，发现了家里的情况，但他并不气馁，转而把心思放在研究新的爆破材料上。诺贝尔曾经见过挖坑道工人的辛苦，还要时时担心坑道塌陷。他心想，如果能用炸药炸开岩层，就能帮助工人快速凿开山洞，工作也能更轻松。

过去，大多是使用黑火药作为爆破材料，但黑火药的爆炸威力不是很强。诺贝尔认为硝化甘油有很大的潜力能发展成新型炸药。硝化甘油是将甘油缓慢加到浓硝酸和浓硫酸的冷混合液中制成的，不过当时还不清楚它的化学组成，只知道这东西爆炸时的威力惊人。硝化甘油虽然引起了科学家的注意，但从未得到实际应用，因为其生产和处理的过程都很危险，也没有可控制的引爆方法。于是，诺贝尔制定了两个目标，第一是要找出能安全引爆硝化甘油的方法，第二是要在不减弱其爆炸威力的前提下降低危险性。

在实验室，诺贝尔经过五十多次的试验后，发明了引爆装置。他将密封的黑色火药管放在硝化甘油之中，利用火药管爆炸来引发硝化甘油的爆炸。各国的爆破工程因此项发明在进度上加快很多，诺贝尔的公司也收到蜂拥而至的订单。

找到能够安全起爆硝化甘油的方法虽然值得高兴，但是还有个问题没解决——硝化甘油不耐撞击、对温度变化敏感，运输及存储均存在很大风险。有一天，诺贝尔正埋头研究，他的硝化甘油工厂爆炸了，弟弟埃米尔也死于这场意外之中。世界各地的工厂、仓库也陆续传来爆炸的消息，因为担心爆炸，有些人也因此放弃购买诺贝尔发明的炸药。失去家人的诺贝尔含着泪继续投入研究，他告诉自己一定要找出解决的方法，

找出既能安全保存，又不减弱爆炸威力的方法。

什么？硝化甘油居然变成固体了！

有一天，诺贝尔在一座旧工厂巡视的时候，发现被弃置在角落的硝化甘油，但他拿起来时，惊讶地发现硝化甘油居然是固体的！他很好奇是什么让硝化甘油凝固的。原来是矽藻土吸收了硝化甘油，形成如黏土一样的东西。诺贝尔灵机一动，他认为如果硝化甘油能够变成固体的话，保存或操作都会更容易，也不会那么容易发生意外了。他着手进行各种实验后，发现矽藻土可以吸收自身三倍的硝化甘油，而且就算从高处掉落、受到撞击也不会爆炸。最后，诺贝尔制造出矽藻土炸药，这个发明使意外爆炸造成的伤亡大幅减少。

科学大发明——炸药

中国在 7 世纪时，炼丹术士为了炼出长生不老的仙药而发明了黑火药。唐代的《太上圣祖金丹秘诀》里记载其配方，大概成分是硫磺、木炭和硝石，到了宋代，黑火药被应用于战争。

1771 年，英国的沃尔夫合成苦味酸，它原本被当作染料，偶然被人们发现其具有爆炸性，成为世界上早期的合成炸药，在 19 世纪末它应用非常广泛。

1845 年，德国化学家舍恩拜发明硝化纤维素，也称为火棉，硝化纤维素可以被制成枪、炮弹的发射药，是炸药工业的重大突破。1846 年，意大利化学家阿斯卡尼奥·索布雷洛制造出硝化甘油，它是烈性液体炸药，轻微震动就会爆炸，当时的人们认为它太危险不宜生产，后来诺贝尔和家人发明出"温热法"，从此能够安全地生产硝化甘油。1866 年，诺贝尔使用矽藻土作为吸附硝化甘油的物质，减少意外爆炸的发生。但是矽藻土炸药必须要用其他炸药引爆，于是他又做

了引爆设备，就是雷管。他把雷汞装在小管子里制成雷管，用雷管爆炸来引发硝化甘油爆炸。雷管是现代爆炸技术的主要起爆材料，为日后爆破的发展创建了重要基础。

1863 年，维尔布兰德发明了 TNT 炸药，它威力强又安全，被子弹击穿也不爆，需搭配起爆雷汞才能引爆。TNT 炸药的熔点低，用开水就能将其融解，能轻易制成各种形状。TNT 炸药取代了苦味酸成为第二次世界大战结束前性能最好的炸药，又称为"炸药之王"。而到了 1899 年，德国人亨宁发明黑索金，爆炸威力比 TNT 炸药更大，起爆容易，混合其他炸药后可被用于大威力武器，被称为"旋风炸药"。

1956 年，C-4 炸药在捷克被开发出来，是一种可塑性炸药，很容易制作成任何所需的形状，而且 C-4 炸药很稳定，枪击、撞击都不能爆炸，放到火中也只会慢慢燃烧，只能以雷管引爆。

⏳ 发展简史

1771 年

英国的沃尔夫合成苦味酸。

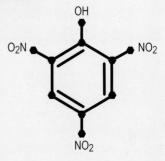

1863 年

维尔布兰德发明 TNT 炸药，威力强又安全。

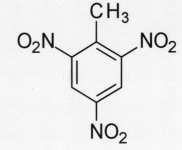

1866 年

瑞典化学家诺贝尔发明了矽藻土炸药。

1956 年

C-4 炸药在捷克被开发出来，美军在越战时曾使用。

15

科学充电站

硝化甘油有哪些用途呢？

硝化甘油的学名是三硝酸甘油酯，是化学家阿斯卡尼奥·索布雷洛发现的。他把浓硝酸和浓硫酸制成混合液，再倒入一杯甘油里，他在搅拌这个甘油混合液时，突然一声巨响！混合液爆炸了，不但把他自己炸伤了，也把周遭的器材都炸坏了。心有余悸的索布雷洛觉得硝化甘油很危险，但诺贝尔不这么想，他改良了制作技术，利用硝化甘油发展出具有高稳定性、防误爆的矽藻土炸药。

除了可以做成威力强大的炸药之外，硝化甘油也是心绞痛时的"救命药"。用硝化甘油制成的药片，是快速、高效的血管扩张剂。患冠状动脉心脏病的人病发时，血管会突然收缩，或血液集中到四肢、肠胃道，造成心脏冠状动脉痉挛，导致心脏缺氧、缺血而引发胸痛。这时患者将硝化甘油药片含在舌下，可以很快解除心绞痛的症状。但药效不能持续很久，患者仍须尽快就医。

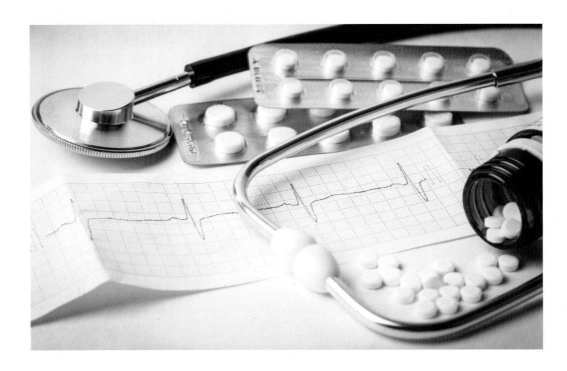

可乐喷泉

炸药会在极短时间内发生剧烈的爆炸释放能量，我们就用可乐来模拟剧烈的爆炸，做出可乐喷泉吧！

准备好后，把直尺抽出使所有薄荷糖落入可乐中，立刻拔开白纸退后，可乐喷泉准备爆发啦！

材料

可乐

薄荷糖

白纸

尺

步骤

1 将可乐瓶打开，但不可晃动生成气泡。

2 用白纸卷成柱状，大小刚好要与瓶口相近。拿出直尺挡住瓶口后，把卷成柱状的白纸放在尺上。

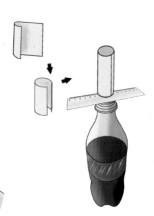

3 从纸洞口丢入薄荷糖数颗，让他们卡在直尺上。

如何播放 会动的影像？

艾德观察着街上走动的人潮：有人走得快，有人走得慢；有人看着报纸，有人盯着墙上的海报。人们的动作随时可能有不同的变化，看起来真有趣。

只有海报上的人物画像，动作永远一成不变。"一成不变"是他最难忍受的事情。他想，如果那张海报是会动的图片，岂不是棒极了？艾德微微一笑，心里想象着那几个人物在海报里面不停变换动作的很有趣的样子！

要让海报动起来可不是件简单的事，他应该怎么做呢？假如海报用一个玻璃窗呈现，让真人在玻璃窗里面表演，是不是就能达到想要的效果？艾德摇摇头，心里又想：不对，这样跟看现场表演有什么不同？光是请人整天在那里做动作可能就要花很多钱了，我希望发明的是能自动播放的图片。

用木头刻几个人偶呢？叫雕刻师傅刻出几个不同动作的人像，摆在橱窗里按时变换，这样如何呢？艾德陷入沉思，他知道这不是最好的方法，因为太麻烦。要刻出逼真的人像谈何容易！何况还要替人像准备等比例大小的背景呢！

想来想去，用其他方法都不切实际，还是使用图片最简单、最方便。但是怎样才能让静止的图片动起来呢？或至少看起来像图片在动。

有一天，艾德来到了赛马场看比赛。场上的选手骑着马快速地跑过一圈又一圈，比赛中各个选手互有先后，相当刺激，

加油！冲啊！

观众们也兴奋不已。艾德旁边有几位摄影师架着相机拍摄了很多照片，其中一位摄影师在比赛结束后将相片冲洗出来制作成相册，并借给艾德看。艾德快速翻阅相册，忽然发现一件事情：当他快速翻过相册的页面时，连续的照片看起来

好像在动，里面的马就像真的在奔跑一样。这不就是让图片动起来的方法吗？眼睛只要看着连续翻动的图片，看起来就像图片自己在动。

　　艾德因此有了新的想法：只要印出很多张有着不同人物动作的图片，然后快速地变换，这些动作看起来就会像是连续发生的一样。艾德和他的员工迪克森讨论，并经过许多尝试，决定将可以快速转动图片的机器放置在橱柜里，机器在光源的照明下，高速转动印着连续图片的胶片。当人们透过小窗口往橱柜看去，就会产生那些连续图片正在运动的错觉。艾德称这个橱柜为电影放映机。

画面居然会动，太神奇了！

艾德还设计了电影摄影机，这个创新的摄影机可以连续地拍摄图像，经过团队几次实验性的拍摄，一部电影终于完成了。他们在纽约举行了一场商业电影的放映，会场使用了10台电影放映机。人们透过橱柜的小窗口轮流欣赏会动的图片。不过他们没有加入声音，因此这些电影都只是默片。后来艾德将电影放映机和圆筒唱片留声机结合，发明了有声的电影。此外，他在新泽西州建了一间电影摄影棚，拍摄了许多有趣的影片。而且他还改良了放映机，使其可以把影像投影在布幕上，这样就可以让更多人同时一起观看了。

　　这之后，电影开始流行起来，电影技术在世界各国都普遍使用，由此人们多了一种有趣的休闲娱乐的方式。

科学大发明——电影

电影放映机的内部构造

在电影发明之前，人们习惯看的是不会动的图片。1888年美国发明家托马斯·爱迪生想做一个"给眼睛用的留声机"，借由转动摇杆使大木箱中大量的连续图片快速转换，人们再透过木箱上方的浏览孔欣赏。他和员工威廉·迪克森花了两年将这个概念具体化，做出电影放映机并申请了专利。

虽然这种电影放映机颇受欢迎，但他们深知一定要发明出可以对着一大群人进行放映的设备才能获得最大的利润。1895年，卢米埃尔兄弟改造电影放映机，将影像投影放大，让观众同时观赏。很快，电影这项娱乐就扩及全欧洲各大都市，也有人称卢米埃尔兄弟为"电影之父"。

早期的电影都是"无声电影"，也就是默片，播放电影时请一个讲评人来叙述故事、补上角色间的对话，或者附上字幕来取代讲评人。也有戏院会请乐师在电影放映时伴奏。后来，技术的进步让电影画面与声音同步，第一部声音和画面同步的有声电影在1927年上映。1935年则出现第一部彩色电影。

人们看电影的场所也有很大的转变。最早的电影是巡回展览秀，后来爱迪生公司认为需要有一个固定的影片播放场所。1896年，在路易斯安那州的新奥尔良，史上第一间"电影院"开幕了，装潢了400个座位、高级投影帆布，甚至有球型的

旧式的电影胶卷

天幕来播放一系列的影片。到了1907年，全美国大约就有5000个场所定期放映电影。

如今数字电影开始蓬勃发展。数字电影和之前的胶片电影的播放方式不同，胶片电影在播放时运用胶卷投影，而数字电影在播放时使用数字处理技术将胶卷上的影像转为数位信号，不用再通过胶卷播放，就可以避免胶卷磨损的问题。2001年开始出现第一部全片使用数位拍摄的电影，自2010年开始，几乎所有的电影都使用数位拍摄，而近期发展出的4K摄影技术，分辨率足以媲美胶卷。

旧式的电影放映机

1888 年

托马斯·爱迪生提出电影放映机的概念，并花了两年将概念具体化。

1895 年

卢米埃尔兄弟改良制作出新的电影放映机，并且推出最早的无声电影《工厂的大门》。

1927 年

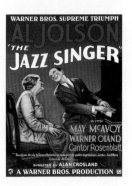

第一部声音和画面同步的有声电影《爵士歌王》。

2001 年

随着数字电影和互联网的普及，人们看电影更方便了。

科学充电站

静止的图像为什么看起来会动？

1824 年，彼得·罗杰特写了一本有关眼球构造的著作：《移动物体的视觉暂留现象》。他认为眼睛所看到的可以在视网膜上停留一些时间，不会马上消失。如果眼睛快速、连续地看见多个画面，视网膜上的刺激信号就会重叠起来，画面就变成连续动作了。

当我们看电影的时候，电影是由快速转动的胶卷投影而成。前一帧的画面还留在观众的视网膜上来不及消失，下一帧画面就已经出现，它们连缀起来形成连续动作。当然，这些画面的转换必须够快才行。

电影胶片的 1 秒 24 帧放映法则是有典故的。1872 年，美国加州的酒吧里，斯坦福与科恩两人在讨论一个问题：马在跑的时候，马蹄是否能全部离地？不过，马跑的时候脚动得实在是太快，人眼没办法看清楚。因此他们请摄影师埃德沃德·麦布里奇来帮他们拍照，把马奔跑的每一瞬间都照下来。麦布里奇把 24 台照相机排成一行，用细绳依次拉下快门，再把这 24 张照片按顺序排出来。相邻的照片之间动作差别很小，组成一条连贯的照片带。他们看出马在奔跑时，总有一蹄着地。麦布里奇有一次向人展示那条照片带时，无意间将其快速牵动，使照片中静止的马叠成一匹看似正在跑动的马。

这件事情之后人们知道，当 1 秒钟有连续 24 张画面交替出现时，人眼就无法断点，而认为眼前看到的真的是会动的图像。

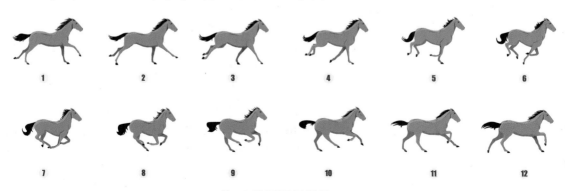

前 12 张画面示例图

迷你动画电影院

电影是利用快速播放连续图片的方式，让眼睛误以为图片真的会自己动起来的。我们来自己动手做一个道具，完成一段小小的电影动画吧！

把筷子另一端插入钻了洞的空罐子瓶口，"迷你动画电影院"就做好了。旋转免洗碗，从免洗碗上的洞口往里面看，就可以看到里面的图案在动呢！

材料

空罐子　　　免洗碗

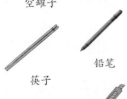
筷子　　　铅笔

美工刀
保丽龙胶

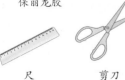
尺　　　剪刀

图画纸

步骤

1 剪切一块和免洗碗侧面一样大小的长方形图画纸。将图画纸的长边均分成八等份。如图，在每等份中画出一个宽 2 厘米、高为图画纸一半高度的长方形。长方形的上方及两旁要留下间隔空间。

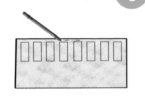

2 将图画纸粘在免洗碗外面，用美工刀割下画长方形的地方。图画纸与免洗碗要一并割下来。

3 再剪一条与免洗碗圆周长度一样的长方形图画纸，高度则只需免洗碗一半的高度。剪切后均分成 8 格，每一格画出同样的人物图案但是动作稍有不同。

4 最后把画好的图画纸粘在免洗碗内侧，在免洗碗底部中央钻一个小洞插入筷子并粘起来。

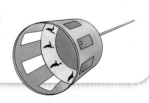

这究竟是
什么射线呢？

伦琴照着往常的时间来到实验室，今天他打算尝试一个新实验。之前有位学者拿了一个玻璃圆筒，尽可能让玻璃圆筒内接近真空，并在里面放置电极，通电以后生成电流，据说这样做可以生成阴极射线，如果在一边的电极涂上荧光物质，就会产生荧光。

咦？那边怎么会发出荧光？

当伦琴打开电源开关，真空管开始通电，结果如预期的一样。"看来，的确如此。"伦琴微微一笑。就在这时，伦琴抬头一看，发现实验室角落里有一块涂着化学药品的隔板也发出了荧光。

"隔板为什么会发光？""是什么让隔板发光？"更多的疑问出现在伦琴的脑海。当他把真空管的电源关掉时，荧光也跟着消失。伦琴接着把窗帘全都拉起来，让室内达到完全的黑暗，确保没有其他的外在光源影响，重复一次实验，他打开电流后隔板又发光了。伦琴认为一定是真空管里面有什么东西跑出来，才会让隔板发光。

伦琴决定用不透明的黑色厚纸把真空管严密地包起来，但是在通电后，那块隔板依然散发着荧光。伦琴把隔板拿到更远的地方再次实验，隔板上的荧光依旧随着真空管通电而出现！

伦琴感到更困惑了。阴极射线管所发出的光十分微弱，又用黑纸包着，那块隔板也离真空管超过 1 米的距离，照理来说阴极射线无法在空气中照射这么远，怎么可能会让隔板发光呢？于是他再用更厚的黑布将真空管盖起来，依旧无法阻止隔板发光。他又尝试在真空管与隔板中间加上厚纸板、非常厚的书本等其他障碍物，但隔板仍然发出荧光。把隔板

反转过来背对着真空管，荧光也还是存在。

　　反复实验后，他开始思考，也许不是阴极射线让隔板发光，而是通电后的真空管会发出另一种不明的射线。伦琴对这个新发现感到惊讶，且好奇不已，看来他发现了一种穿透性极强的射线。经过一些尝试，他兴奋地发现这种射线的穿透力非常强大，不会被一般物质阻挡，只有铅才能挡住它。而且不同于一般光线，三棱镜并不能使它折射，磁场作用也不能使它发生偏移。

有一天伦琴用手拿着一根铅管，再用这个不明的新射线照射，却发现后方的底片除了显现出铅管的影像外，居然还出现了他握着铅管的手的手骨！伦琴大吃一惊，原来他发现的竟是一种可以透视人体的射线。他找来他的妻子，将她的手放在底片上让这种射线照射，结果底片上出现的每根手骨都清晰可见，连妻子手指上的戒指也显现出来。伦琴虽然发现了这个新射线，但觉得自己还是对它所知有限，于是就用未知数 X 来称呼它，叫它"X 射线"。

　　这项发现不只在物理学界引起轰动，更是推动医学界创造出"医学影像"这门新学科。拍摄 X 光片能帮助医生做出更精确的诊断，造福众多病患，伦琴也因此获得了诺贝尔奖。

科学大发明——辐射线

　　1874 年，英国人威廉·克鲁克斯在真空管的基础上发明了"阴极射线管"，又称为克鲁克斯管，这项发明直接推动了之后 X 射线和电子的发现。

　　英国卡文迪西实验室的教授约瑟夫·汤姆森从 1890 年起开始研究阴极射线，他认为阴极射线是带电粒子而不是电磁波，并把这种粒子命名为电子。

　　1895 年，德国人威廉·康拉德·伦琴在进行阴极射线的实验时，意外地发现放在附近涂有氰亚铂酸钡的隔板发出微光，因而发现了 X 射线，之后也因此获得了首届诺贝尔物理学奖。

　　1896 年，法国人亨利·贝克勒因为对伦琴发现的 X 射线非常感兴趣，加上他自己研究磷光矿物多年，想知道磷光矿物是否也会发出辐射线，因此贝克勒将感光底片和铀盐放在一起，发现底片上真的出现了铀盐的影像，而且完全不需要施加外来的能量，这表示铀盐是会自发性发出辐射线的放射性物质，这是人类首次发现放射性物质。

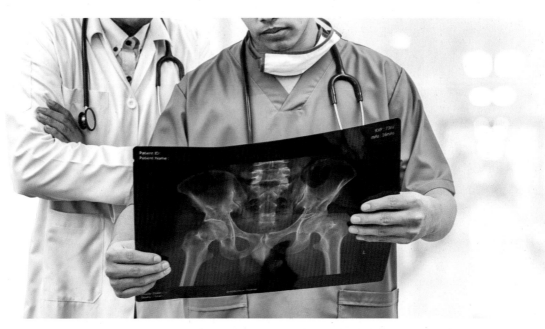

玛丽亚·斯克沃多夫斯卡·居里，也就是大家熟知的居里夫人，在1897年开始研究铀的放射性。1898年，居里夫人发现钍也具有放射性。

1899年，欧内斯特·卢瑟福发现镭会生成蒸气，也发现铀会生成两种不同的放射线，并将这两种放射线取名为"α射线"与"β射线"。居里夫人等人之后发现β射线其实就是高速运动的电子流。1900年，法国科学家P.V.维拉德无意间发现了另一种穿透性更强的射线，它可以穿透金属箔片，这种新的射线被称为"γ射线"。

铀是一种银白色的金属。图中的铀因为表面氧化而生成黑色的氧化物。

⌛ 发展简史

1890年

英国卡文迪西实验室的教授汤姆森从1890年起开始研究阴极射线，并证明阴极射线是带电粒子。

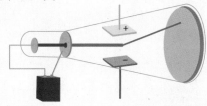

1895年

德国的物理学家伦琴意外发现X射线。

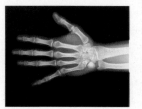

1898年

居里夫人发现放射性元素钋。

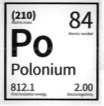

(210) 84
Po
Polonium
812.1   2.00

1898年

1898年，新西兰物理学家卢瑟福将放射线分为α射线和β射线。1900年，法国科学家P.V.维拉德发现了γ射线。

纸　　铝　　　铅

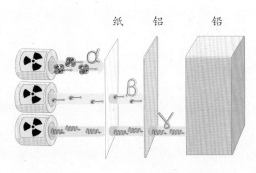

科学充电站

电磁辐射对人体有害吗？

我们现今使用的科技产品都会发出电磁辐射，也叫作电磁波辐射。电磁波指的是同相振荡、互相垂直的电场与磁场，在空间中以波的形式传递能量。它不需要靠介质就可以传播，在真空中传播速度接近等于光速。电磁波从低频率到高频率依序分类，可分为无线电波、微波、红外线、可见光、紫外线、X射线和γ射线。人类眼睛可接收的电磁波波长大约在380nm至780nm之间，可以被我们看见，称为可见光。

换句话说，我们平常看到的五颜六色其实都是电磁波。这样的话可能有人会有疑问：可见光对人体又没有伤害，它和那些对人体有危害的X射线和γ射线有什么差别？答案就在上一段电磁波的描述里面——就是频率不同啦！

相信很多人都有使用手机的习惯，手机和基地台都会发出电磁波。手机发出的电磁波叫作射频辐射。除了手机之外，电视遥控器、收音机也都是利用电磁波来运作的。不过先别太担心，其实辐射分为游离辐射和非游离辐射。游离辐射的能量高，会对生物体的组织造成永久伤害，比如X射线或γ射线。可见光和射频辐射属于非游离辐射，这种辐射不会伤害生物体组织。手机的射频辐射所释出的能量也很低。

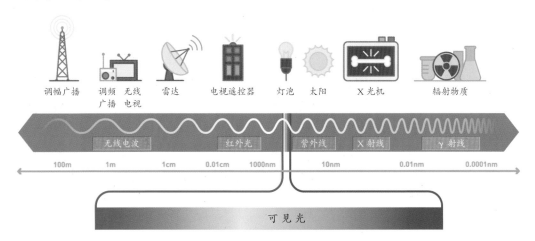

画自己的"X光片"

"X光"可以穿透人体看见里面的骨头，医生可以拍下来做成"X光片"，我们也来画出自己手脚的"X光片"吧。

最后在手掌处分别画出五根连上手指的骨头，你的手的"X光片"就画出来了！你也可以试着画出脚掌的"X光片"喔。

材料

黑色纸

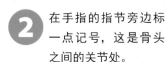

白笔

步骤

1 把自己的手张开放在黑色纸上，用白笔沿着自己的手画出轮廓。

2 在手指的指节旁边标一点记号，这是骨头之间的关节处。

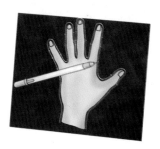

3 把手拿开后，用白笔在纸上画出一节一节的骨头，注意在指节记号处不要让骨头相连。

要怎么制造 更强的光束？

许多科学家都在不断地研究光和各种辐射，如果能够制造更强的辐射束，对于科技发展有很大的帮助，如对于工业中的测量距离或切割，甚至是医学中的手术。

美国物理学家汤斯也在进行这方面的研究。第二次世界大战期间，汤斯在贝尔实验室研究雷达，雷达在战争期间用途很广，而雷达科技涉及微波的发射和接收，富有研究

我一定要把理论付诸实践。

精神的汤斯，也对微波和分子光谱产生兴趣。战争结束后，汤斯前往哥伦比亚大学继续研究。

汤斯在一场讲座上听到爱因斯坦的技术理论"光与物质相互作用"。内容是在原子的世界里，电子分布在不同的能级上，在特定条件下，高能级的电子接触到光时，会被诱导从高能级跳到低能级，并辐射出与诱导它的光相同波长的光，而且可以生成"弱光激发强光"的现象，这就叫作"受激辐射的光放大"。爱因斯坦是第一位提出"光可以增强"这一理论的科学家，不过这在当时只是理论而已，还没有把相关的仪器制造出来。要是真的能制造出可以增强光线的设备，用途一定会很广泛，汤斯心想。

汤斯希望自己能够做出生成高强度微波的仪器。不过，一般仪器只能生成波长较长的无线电波，如果想要生成微波，仪器结构的尺寸就必须极小，而汤斯当时还不知道该怎么做。

　　某一天早上，汤斯坐在公园的一张长凳上等待饭店开门。他的肚子有点饿，希望能赶快吃到早餐。

　　在等待之余，他看着广场上一位老妇人拿饲料在喂鸽子，那些饲料像米粒一样渺小。汤斯忽然想到，用分子而不用电子线路，就可以得到波长足够小的无线电波！因为分子的振动形式各式各样，有的分子振动波长和微波波段的辐射波长相同。然后再考虑如何将分子的振动转变为辐射。

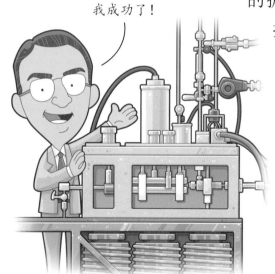

我成功了！

　　经过两年的研究，汤斯决定利用氨分子当作媒介，因为氨分子在适当的条件下有可能发射短波长的微波。透过热或电使氨分子处于激发状态，再将这些分子置于和氨分子固有频率相同的微波束中，就算微波束的能量很微弱也没关系。氨分子受到微波束的作用，会以同样波长放出能量，放出的能量继而作用在另一个氨分子上，又再放出能量。入射的微波束引起了一场连锁反应，最后生成很强的微波束。他把这个微波设备称为迈射（MASER），意思是"受激放大微波辐射"。

汤斯成功制造出了世界上第一台迈射仪器，也因此获得了诺贝尔奖的殊荣。不过，这只是第一步而已，不久后科学家梅曼用红宝石激发出红色的光束，成功制造出激光。自此以后，激光成为人们生活中的好帮手。

科学大发明——激光

1917年，爱因斯坦提出技术理论"光与物质相互作用"，成为制造激光的理论基础。

1958年，美国科学家查尔斯·汤斯和阿瑟·肖洛发现，当氖光灯泡照在稀土晶体上时会发出汇聚力强的光。此外，汤斯成功发明了一种仪器并将其命名为迈射（MASER），英文MASER的意思是"受激放大微波辐射"。两人也因此获得诺贝尔物理学奖。

虽然汤斯最早发现迈射，但最早发现激光的却不是他，而是美国加利福尼亚州休斯实验室的科学家西奥多·梅曼。1960年，梅曼博士利用闪光灯管来刺激红宝石，使它发出红光，并在镀上反光镜的红宝石上钻一个孔，使红光从这个孔溢出，生成集中的红色光柱，当它射向某个点时，温度甚至可以超越太阳表面的

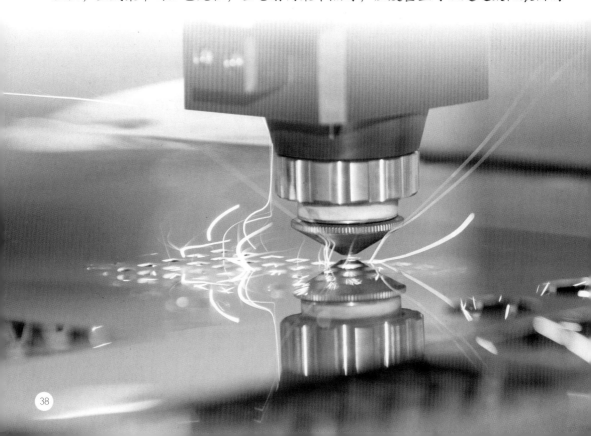

温度。梅曼获得的红宝石激光，也是人类第一束激光，梅曼因此获得"激光之父"的称号。

1960 年，苏联科学家尼古拉·巴索夫发明了半导体激光器。这种激光器的尺寸小、反应速度快、效率高、与光纤尺寸适配。

1964 年，贝尔实验室发明了二氧化碳激光器。这是世界上最早的气体激光器，它的功率高，效率也好。它在如今工业上依然广泛使用，经常用来作为切割机使用。一些雕刻的工艺也常用低功率的二氧化碳激光器来完成。整形美容产业也会用它来做磨皮等激光手术。

1965 年，贝尔实验室发明了钕雅各 (Nd: YAG) 激光器，是固体激光器的一种，是当前最常使用的固体激光器，被应用于金属加工，如微量切削、点焊、纹路修整等，也用来做白内障及飞蚊症等眼部激光手术。

现在，激光器已经是工业和通信不可或缺的设备，光纤通信、激光测距、激光雷达、激光切割、激光唱片、激光扫描等，都跟激光息息相关。

发展简史

1960 年

美国加州的梅曼博士发现红宝石激光。

1960 年

苏联科学家尼古拉·巴索夫发明了半导体激光器。

1964 年

贝尔实验室发明二氧化碳激光器。

1965 年

贝尔实验室发明了 Nd: YAG 激光器。

科学充电站

激光与一般的光有什么不同呢？

激光又称镭射，英文 LASER 的意思是"通过受激辐射生成的光放大"。

日光灯这种普通光和激光有什么不同呢？激光的光束有高指向性，非常集中；而一般光源则会向四面八方扩散。激光有单色性，光看起来只有一种颜色；一般光源则是混合多种颜色的光。

单色光，在物理学上是指波长单一的电磁辐射，是混合色光的组成部分。波长单一的光不会生成色散。经过滤光器过滤的光波，或者经过衍射光栅分离的光波与激光都被称为单色光，但如果用严谨的标准来看，没有任何光源是完全的单色光。红、橙、黄、绿、蓝、靛、紫这七种色光也不是真正的单色光，它们都有一定的波长范围。比如，红光的波长范围是 0.77 ~ 0.62 微米，光只要在这个范围内，我们不会认为它是别种颜色。

激光已经非常接近单色光了，它的波长线宽极窄。如果一个光源光波的线宽比另一个光源窄，则称此光源更具有"单色光性"。激光就比一般光源有更强的"单色光性"。

激光

普通光

激光星空

激光也跟一般光源一样会折射跟反射，我们可以用激光与废弃的光盘片制造出漂亮的满天星斗呢。

将激光笔上下左右变化不同角度照射到光盘片上，并且改变两片光盘片的夹角，可以看到反射到黑幕上的激光光点，就好像夜空中的繁星点点，有许多缤纷变化。

材料

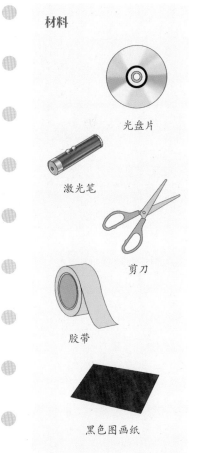

光盘片

激光笔

剪刀

胶带

黑色图画纸

步骤

1 将光盘片沿着中央圆孔外围各剪切一片，共获得两片光盘片。

2 将剪切的两片光盘片合并起来，中间留一点空隙，再用胶带粘贴起来。

3 将黑色图画纸贴在墙壁上当作黑幕，一手拿着两片粘贴好的光盘片，另一手拿激光笔对着光盘片，让激光笔的光线反射到贴着黑色图画纸的墙壁上。

如何节省工厂的人力？

　　唐纳是工厂的老板，已经六十几岁了，头发全白，却仍然像年轻人一样勤劳。他是白手起家，刚创业时只有一间铁皮屋，渐渐扩大工厂规模，今天他的工厂已是上市公司。他每天早晚都会巡察工厂看工人工作的状况。

真是伤脑筋。

受到经济萧条的影响，他的商品今年销售业绩较差，利润也比去年低了不少。唐纳有点苦恼，如果工厂再赚不了钱的话就会倒闭，那自己和所有工人该怎么办呢？唐纳思考应该节省开支，或想办法提高生产效率。如何让生产效率提高呢？唐纳看着生产线上工人们正专心地在工作。他们在生产线上分工合作，已经很有效率了，但能不能效率更高呢？

放音乐如何？唐纳在家喜欢听摇滚乐，每次听都觉得精神百倍。如果让工人在工作的时候也听音乐的话，效率会更高吗？不对，音乐通常是放松的时候听的！它的确能提神，但是有些时候也会造成干扰，太亢奋的话搞不好还会出错呢！这样不行。

如果要减少开支的话，那唐纳势必要减少一些工人来节省人力支出，不过剩下的工人做得完所有的工作吗？唐纳观察工人的工作状况，有的人让塑胶成型、有的人包装、有的人检查，每一个工作都被分解得非常单纯，几秒钟就完成一件。工作本身很简单，不过工作量并不少，总不能让工人天天加班吧！

不如请猴子来上班吧！它们只要饲料就可以解决了！而且这些性质单一的工作都不难，聪明的猴子应该可以学会，但是谁能跟猴子沟通呢？光是职业训练可能就很有难度。唐纳想起当初训练家里的小狗上厕所，也是费了一番功夫才成功。即使只是训练动物养成简单的生活习惯，都要花很多时间，何况是工作呢？还是算了吧。唐纳不禁叹了一口气。

还有更好的方法吗？唐纳灵机一动：用机器吧！如果可以按几个钮就把工作做完，那不是方便多了？比如一台包装机，只要操作员轻轻一按就可以把产品包好，工人甚至不用摸到产品就能完成包装。唐纳看着那些工人，想象他们前方摆着一台机器，每个人能做的工作就更多了。但如果每个人都管理一台机器的话，这花费也

是不少呢，这样子不但没有节省多少人力支出，万一机器出故障也要请人维修。

只是操作机器可能还不够，如果不是人操作机器，而是机器自己工作的话，那样就更方便了！唐纳想到科幻电影里面的机器人。如果机器人能自己完成简单的工作，工人只需要调整机器的设置就太棒了。

几个月以后，唐纳解聘了一些工人节省人力支出，同时也引进新型的机器人。大量的工作内容都交给机器人来完成，生产流程自动化，工人只需要检查机器生产过程与专注于研发新产品就可以了。唐纳的公司不但减少了人力的开销，管理起来也轻松许多，工作效率比过去高了好几倍呢！

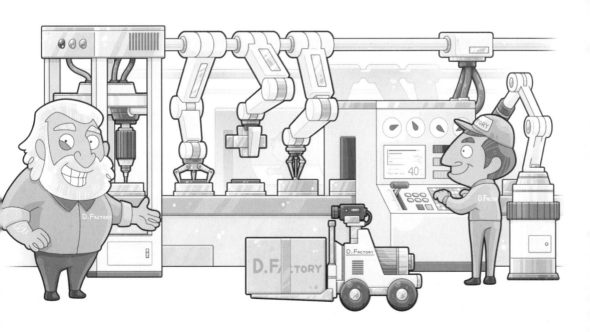

科学大发明——机器人

机器人一词最早出现在 1921 年捷克科幻剧作家卡雷尔·恰佩克写的一部作品《罗素姆的万能机器人》中，故事里面第一次提到"机器人"这个词。定义上，机器人包括一切仿真人类或动物行为的机械。在现代工业中，能自动运行任务的人造机器设备或协助人类工作的人造机器都算是机器人。

乔治·德沃尔和约瑟夫·恩格尔伯格成立的优力美讯公司在 1961 年发明了世界上第一台工业机器人，应用在美国新泽西州的通用汽车公司，用于生产汽车的门、车窗把柄。

1996 年，瑞典的伊莱克斯公司制造了第一台扫地机器人，叫做"三叶虫"，它可以钻到桌子下和床底清理灰尘，通过超声波躲避障碍。

2004 年，日本的柴田崇德博士推出海豹宠物机器人 Paro。它毛茸茸的非常可爱，像真的宠物一样。这种机器人对阿尔茨海默病患者有帮助，患者光是抱着它心情就能好转，对于拥有过宠物的患者，它还可以唤醒其饲养宠物的记忆，使病人喊叫、狂躁、徘徊等问题行为大幅减少。

2011 年，日本研究机构开发了照护机器人 Robear，它有一张可爱的熊脸，能像照顾者一样将病人从床上抬起来放到轮椅上，也能帮助行动不便的病人行走。

2015 年，软银集团发售机器人 Pepper，它能够成为人类的"社交伙伴"。它能利用面部和语音识别技术，判断人类的面部表情和语调，解读人类情感。

2015 年，香港的汉森机器人技术公司公开一个类人机器人索菲亚，它以女演员奥黛丽·赫本为模型制造，外观和行为模式都比以往的机器人更接近人类。它具有人工智能、视觉数据处理和面部识别的功能。

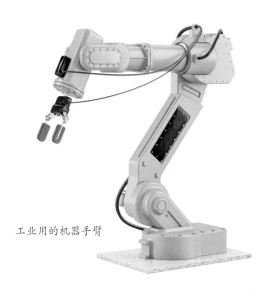

工业用的机器手臂

发展简史

1921 年

"机器人"一词最早出现在剧作《罗素姆的万能机器人》中。

2004 年

日本的柴田崇德博士推出海豹宠物机器人 Paro。

2015 年

软银发售机器人 Pepper，它能够成为人类的"社交伙伴"。

2015 年

香港的汉森机器人公司公开一个类人机器人索菲亚，它以女演员奥黛丽·赫本为模型制造。

科学充电站

生活中哪里有人工智能呢？

人工智能顾名思义就是指用"人工"所编写出来的电脑程序来仿真人类的"智能"。许多人对科幻电影里那些有人类般智能的机器人印象深刻，其实在各产业中已经有很多应用。

人工智能（Artificial Intelligence，英文缩写为 AI）这个词汇首次出现在 1950 年，那时电脑才刚发明不久，人工智能能做的不过是跑一些写好的程序，处理几个数学证明而已，并没有亮眼的应用。当时电脑体积庞大，运算速度又慢，人工智能发展很快就遇到瓶颈。

大约二三十年前，电脑的性能有很大的突破。AI 重新回归主流，并且出现"机器学习"技术，它可以通过分析过去的数据来预测或反应未来，模仿人类的学习过程。其方法是先分析大量数据并创建模型，再利用模型运算出结果，而这个模型会随着数据的变换与更新而随时变化。有一些社群网站就利用了机器学习功能，分析用户点赞的网页，再向他推荐符合其喜好的内容。

近几年随着算法的进步，机器学习领域中又发展出了"深度学习"。深度学习领域中的影像辨识系统已经应用在机器人、车辆自动驾驶、以及医疗病灶影像分析等领域。

利用人工智能辨识出照片中的人物。

机器毛怪

你家里有扫地机器人吗？机器人都是靠马达驱动的，我们也来用小马达做一个机器人吧！

最后，将束线带折弯，避免它卡到桌面，就大功告成了。按下开关，看看机器毛怪是不是开始扫地了呢？

材料

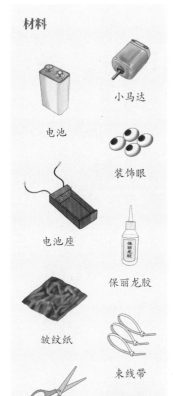

小马达

电池

装饰眼

电池座

保丽龙胶

皱纹纸

束线带

剪刀

塑胶刷子

步骤

① 准备一个电池座，分别将它的红线和黑线接上马达。

② 利用保丽龙胶将小马达固定在塑胶刷的一端，将电池座粘在塑胶刷的另一端，并装好电池。

③ 用剪刀将皱纹纸剪成须须状，和装饰眼一起粘在机器人上。然后将束线带卡到马达的转轴上，并剪成大约5厘米长。

该用什么来
取代真空管？

曾经在物理学领域获得两次诺贝尔奖的巴丁，其实刚毕业的时候求职并不顺利。

巴丁读完硕士，刚好遇上美国经济大萧条，他只好进入和所学专业不太相关的石油公司研究部门工作。虽然他在那里发现了探勘石油的新方法，但最后还是因为工作内容与自己的兴趣不合而离开。他自费到普林斯顿大学攻读博士学位，研究固态物理，并在毕业后进入贝尔实验室进行相关研究。

"该是摆脱真空管的时候了，这个又大又笨重的东西。"

　　组长萧克利朝后方桌面上的仪器一指，又转头面对他的组员，展露出发明家般自信的笑容。"虽然它曾推动了无线电的发展，但是它除了笨重之外，能量消耗也大，有只虫飞进去就会发生故障，而且用不了多久就坏了，坏了又难维修！"

　　巴丁推了推眼镜，和其他组员一起围着萧克利。他对这个问题相当感兴趣，聚精会神地听着。

　　"该怎么做呢？用什么能够取代真空管？"最前方一个头发往后梳的男人问道。他是布拉顿，这位多才多艺的研究者除了研究物理之外，同时也是俄勒冈大学的艺术硕士和明尼苏达大学的哲学博士。巴丁看着他，从他露出的神色看来，他也是个厉害的人才。

　　"我有一个关于半导体三极管的构想，需要你们协助我一起完成。如果成功，将会是划时代的突破！"萧克利说着就开始在白板上涂鸦。"这里……将一片金属覆盖在半导体上面，然后……这个地方，利用金属与半导体之间的电压生成电场，控制通过半导体的电流。"他在代表电压、电场和电流的地方标示了符号，然后转过头。"这样能理解吗？"

他面前这群人，有的皱眉，有的扶着下巴，有的低声交谈。因为这是一个很新的概念，所以他们也不确定这样行不行得通。巴丁的脑子快速地转了一圈，感觉这个理论可行。

不过，实验开始几天后，进展却不怎么顺利。虽然他们看不出这个理论有什么问题，但是却无法达成预期的效果。

"为什么？理论上，应该不会这样……"萧克利无法解释原因，只是烦躁地来回踱步。

组员看到组长给不出具体方案，信心也开始动摇。"我们做了这么多次都失败。到底是实验的方法不对，还是这个想法一开始就……"他们小声地讨论，不想让萧克利听到。

又过了几天，巴丁一来上班就匆匆忙忙跑去找伙伴布拉顿。"我发现问题了，老兄！""说来听听。"这个正在沉思的研究员扬起一边眉毛，半信半疑。

"是半导体的表面问题！"巴丁一坐下来就拿起桌上的纸笔涂鸦。"当有电场的时候，电子会被吸引到半导体的表面，束缚在这里……"他画出了半导体，在其表面画了好几个电子的符号，用力地圈起来。布拉顿睁大眼睛看着他，还是不太明白。

"电子会在这里形成严密的屏蔽效应，阻止电场穿透到半导体内部，所以不能形成电流！"巴丁一口气把结论说完，张开了双手。等到布拉顿完全明白的时候，他们立刻行动起来用含正负离子的电解液，改变晶体表面电荷的分布，解决了这个问题。

世界上第一个晶体管就这样问世了。

科学大发明——晶体管

　　1936年，美国科学家威廉·萧克利在贝尔实验室工作，他专心于真空管和氧化铜半导体放大器的研究，当时电话交换机采用电机式继电器，贝尔实验室的科学家们认为，未来无法长期依赖此设备，应寻找新的替代方案。特立独行的萧克利将研究目标锁定在固态继电组件，研究其取代真空管的可能。

　　第二次世界大战结束后，萧克利成为半导体研究小组的负责人，他恢复了对固态物理的研究，并继续寻找真空管的替代品。

　　1947年圣诞节的前两天，萧克利的两位同事约翰·巴丁和沃尔特·布拉顿，用几条金箔片、一片半导体材料和一张弯纸架制成一个小装置，这个小装置可以传导、放大和开关电流。他们把这一发明称为"点接触型晶体管"。

萧克利、巴丁与布拉顿

1948 年 1 月 23 日，也就是点接触型晶体管发明一个月后，萧克利想到了制造结型晶体管的方法。结型晶体管的原理就是让所有的制程与反应都在半导体内部完成，这样稳定性就高多了。结型晶体管的发明为固态电子学的发展找到了方向，也成为真正有生产价值的晶体管。因为发明晶体管，萧克利、巴丁与布拉顿同时荣获 1956 年度的诺贝尔物理学奖。

由于有了晶体管，利用它的放大原理，可以快速完成电脑操作的核心工作。晶体管与真空管不同，不需要预热时间，也不会生成热量，不会被烧坏，更不会漏气和爆裂。真空管需要一瓦特的功率，而晶体管只要百万分之一瓦特。晶体管比真空管更小，速度更快，晶体管的发明为小型电脑的诞生奠定了基础。利用电子的流动性，结合矽的特殊结构特征，晶体管可放大并交换信号。

发展简史

1947 年

美国贝尔实验室的三位科学家萧克利、巴丁和布拉顿用锗做出世上第一个点接触型晶体管。

1958 年

基尔比证明在同一块半导体芯片上可以包含不同组件，从此集成电路开始发展。

1960 年

美国的爱迪生公司开始制造矽晶圆。

1965 年

施密特用金氧半技术做成随机存取内存，这是内存产业的开端。

半导体是怎么做成芯片的？

科学家们希望找到一种方便轻薄的材料取代真空管，让电脑体积缩小、速度加快。这种材料就是半导体材料，人类知道半导体的整流特性已有一百多年的时间，然而它在电子工程上的奇妙应用，是在 1947 年之后的事情了。

自然界存在许多物质，导电性良好的如金、银、铜、铁等称为导体材料；无法导电的如塑料、橡胶、木材等称为绝缘体材料；导电性介于导体和绝缘体之间的材料，则称为半导体，如矽、锗。

矽存在于砂石中，要经过纯化才能成为半导体材料。半导体公司的工程师们早已有一套娴熟的工作流程，他们先把矽砂石用高温熔化成圆柱型铸块，再用钻石锯将其切割成一片片的晶圆，磨光后的晶圆经过一系列的高科技制程将被制成芯片，每一块晶圆最后可以制成上百个芯片，这些芯片就是我们去电脑零售商处购买的半导体内存微处理器。

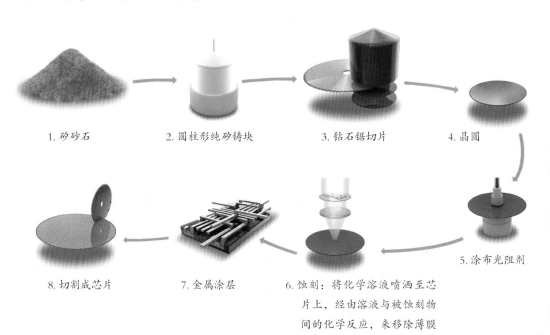

1. 矽砂石　　　　　2. 圆柱形纯矽铸块　　　　3. 钻石锯切片　　　　4. 晶圆

5. 涂布光阻剂

8. 切割成芯片　　　7. 金属涂层　　　6. 蚀刻：将化学溶液喷洒至芯片上，经由溶液与被蚀刻物间的化学反应，来移除薄膜表面不需要的残留物。

盐水蚀刻

半导体经过精细加工及蚀刻后，最终成为电子产品内部重要的矽芯片。利用蚀刻技术，可以把想要的图形刻在金属或半导体上，我们也用简易的盐水蚀刻方法来刻画图案吧。

刻好以后将电池与电线拆下来，用清水清洗蚀刻处，擦干以后就完成了。

材料

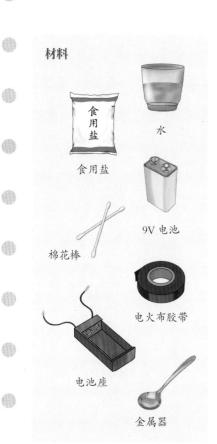

食用盐

水

9V 电池

棉花棒

电火布胶带

电池座

金属器

步骤

① 在一杯水中倒入大量食用盐，直到食用盐无法再溶解为止，形成饱和食用盐水。

② 将电池座的正极电线用电火布胶带贴在想要蚀刻的金属汤匙上。

③ 将电池座另一端的负极电线缠绕在棉花棒的一端。

④ 电池座中装上电池，用棉花棒沾饱和食用盐水，在汤匙柄上用力刻画想要的图案，会发现被棉花棒画过的地方会产生凹痕，利用其可以形成想要的图案。

如何让电脑成为一般人可以使用的工具？

　　奥尔森自己创业开公司已经一段时间了，但他的公司才刚成立没多久，规模并不是很大。前一年公司靠测试软件赚到一些钱，但是还不够，他希望能找到新的商机。既然硬碰硬赢不了大公司，那就要找到大公司没看到的商机，做他们不敢做的产品。奥尔森找了很久，发觉他们也许能在电脑市场取得一席之地。

好……好挤……

　　为了帮助人们更容易地进行计算，人类制造出可以自己进行运算的大型计算机，

也称为电脑。虽然自电脑发明以来，它帮助人类进行了许多复杂的运算，省下不少时间，但这个先进的披着钢铁外壳的庞然大物就跟动物园里的大象一样大，而且它的价格只有政府或大企业才承受得起。

奥尔森摇摇头，电脑发明已经超过十年了，应该可以改进改进。奥尔森想让电脑普及开来，让一般人也有机会使用它。但如果要使用现在的电脑，就必须先把房间扩大，腾出一间四十平方米以上的房间。真的有人会为了一台电脑而这么做吗？这个想法连奥尔森自己都觉得可笑。

要是让多个家庭共用一台电脑呢？他想象五六个来自不同

家庭的人在一间大仓库里使用那台巨大的电脑，每个人对着机器比手画脚的模样。如果大家同时抢着使用的话，他们很快就会吵起来，有人要机器做东，有人要机器做西，像小孩子抢玩具一样，搞不好还会大打出手，这样也不行。

电脑应该属于个人。要每个人能亲自使用电脑，手上敲打着键盘，通过显示器和机器进行对话！我们不要扩大房间，也不要多人共用一台机器，而是要缩小电脑的体积，降低它的价钱！奥尔森想着。

奥尔森知道微小的晶体管已经发明出来，可以取代原本电脑所使用的庞大真空管，这可以使它的体积大幅缩小。"这是个机会！"奥尔森认为如果成功制造出小型电脑的话，肯定会有市场，于是他按着自己的构想，在新的年度推出了一款小型电脑，不但体积小而且售价比大型电脑便宜许多。

只要用这个小小的晶体管来取代真空管，电脑就可以做得很小。

虽然小型电脑让大家眼前一亮，在行业中更是开辟出了一片新天地，但在销售上它并不成功。一般家庭根本不知道电脑能做些什么，当然不会购买了，因此市场反应冷淡。几年后，公司甚至开始亏损，不过奥尔森的想法并没有改变，他还是相信人们需要小型的个人电脑。

奥尔森进行第八次尝试，推出了新一代的小型电脑。它更容易操作，一般人也能很快学会使用。终于，皇天不负有心人，这台小型电脑的销售在市场上空前的成功，业内的从业者们终于看见它的潜力，希望把奥尔森的产品纳入自己公司的系统，后来许多企业与家庭都开始使用奥尔森公司所生产的小型电脑。

科学大发明——个人电脑

　　在电脑还未发明之前，人们都是使用一种名为"打字机"的机器来处理文书工作。使用打字机时，用手在键盘上敲击按键，这个按键的字母就会打击到色带上，再印制到色带后面的白纸上。1808年，意大利人佩莱里尼·图里发明了第一台打字机，到了1880年，打字机已经成为办公室的常用设备了。打字机的键盘也影响了后来发明的计算机的键盘。

　　世界上第一台通用计算机ENIAC被发明出来，至今不过几十年的时间。1946年，美国宾夕法尼亚大学的莫克利与埃克特用真空管制造了世界上第一部电脑，取名叫ENIAC。这台电脑很大，占地170平方米，重达30吨，用打孔卡片的方式读取数据，但因为人类可以下的指令很有限，因此无法处理复杂工作。ENIAC当时仅被美国陆军的弹道研究实验室使用，并没有商业贩售。

　　第一台商用的电脑是1951年由雷明顿兰德公司发售的UNIVAC-I，它使用了5200支真空管，数量不到ENIAC的三分之一。第一台UNIVAC-I卖给了美国政府，用来进行人口普查。

　　1954年，贝尔实验室做出了第一台晶体管电脑，之后晶体管逐渐取代了真空管，使电脑的性能和稳定性都有很大的提升。但这时的电脑仍然只有政府和大企业才会使用，一般民众并没有接触电脑的机会。

　　1971年，美国肯巴克公司推出的kenbak-1是世界公认的第一部个人电脑，虽然它并没有立刻获得市场的广泛回响，仅生产了50台，不过它的出现促使更多人跟进投入个人电脑产业，推出一个又一个的新产品，个人电脑才慢慢融入一般人的生活中。但当时的电脑可不像现在的这么容易操作，直到1983年，苹果公司推出具有图形化界面的Lisa个人电脑，配备了方便操作的鼠标，还能同时开启多个窗口，且操作简单。不过，当时一台Lisa售价近10000美金，一般人根本买不起，只有NASA是他们最大的客户。因此苹果公司隔年又推出了便宜许多的麦金塔电脑，个人电脑终于打开市场。

20世纪80年代初期，市面上有许多不同标准的个人电脑，直到IBM制定了PC/AT规格，形成一套开放标准。以英特尔的X86硬件架构及微软的MS-DOS系统为主，其他零件可以从不同厂商取得。之后人们除了购买品牌机外，也开始自行组装电脑。

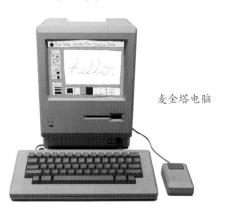

麦金塔电脑

1864年

奥地利的木匠彼德·米特霍费尔，在1864—1867年间设计出了许多种打字机。

1946年

莫克利与埃克特利用真空管制造了世界上第一台通用计算机ENIAC。

1951年

雷明顿兰德公司发售UNIVAC-I，它是世界上第一台商用电脑。

现在

平板电脑早已于1989年就被发明出来，但直到2010年苹果公司推出iPad后才广为流行。

主机

  个人电脑指的是可供个人使用的电脑，用户可以直接操作。台式电脑通常包含：主机、显示器、键盘和鼠标。电脑最重要的部分就是主机了，构成主机的部件主要有硬盘、中央处理器、主机板、内存、显卡、电源供应器、机箱等。此外，操作系统也至关重要，让我们来了解它们的功能吧！

  一、硬盘：保存数据的主要部件，也是操作系统存放的地方。

  二、中央处理器 (CPU)：CPU 是电脑一切运算的中央指挥中心。如果用人类来比拟的话，它相当于人类用来处理信息的大脑。不同的只是它当前还很难"自己思考"，只能处理分派给它的任务。

  三、主机板：主机板是电脑接触外界的接口，键盘、鼠标、显示器等都是通过主机板的接口连接。CPU、硬盘等零件也是组装在主机板上面。

  四、内存：内存是操作系统或运行中的程序临时保存数据的地方。

  五、显卡 (GPU)：显卡又称图形处理器，专门负责图像处理。通常 CPU 里面会包含基本的内置显卡，但是用户如果有绘图或游戏的需求，可能会需要使用更高端的独立显卡。

  六、电源供应器：提供电源的设备。

  七、机箱：就是把上面这些零件包起来的外壳。

  八、操作系统：当前人们使用最多的是微软的 Windows 系统，另外还有 Unix、Mac OS、Linux 等操作系统。

做一台自己的"电脑"

想要有一台自己的电脑吗？我们可以自己动手做出一台笔记型电脑模型喔。

剪一小块长形纸板，对折后再摊开。把键盘与荧幕分别粘在长方形纸板的两边，你的"电脑"就完成了。

材料

厚纸板

剪刀

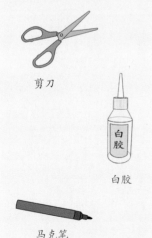

白胶

马克笔

步骤

1 剪切四块同样大小的长方形纸板，大小可按照你想要的"电脑"尺寸做调整。

2 其中一块纸板在中间挖去一块长方形，做成2厘米宽的荧幕外框。把它粘在另一块纸板上，就变成"电脑"的显示屏。

3 另外两块纸板则粘在一起，再拿出另一块不用的纸板剪出一块块的键盘按键，粘在纸板上，并且用马克笔在上面画出键盘上的符号。键盘的下方中间用马克笔画一个触控板。

电视能不能

薄一点？

有一天，乔治和朋友们在打牌闲聊，暂时抛开了工作的烦恼，让他们的心情格外放松。他们玩了一整个晚上，也很尽兴。

好友鲍勃缓缓起身，时间已经不早，他该回家了，鲍勃从

小心啊！

椅子上站起来，差点就撞到电视。所幸没有发生意外，鲍勃平安地走出门口。

乔治当时也没有在意。隔天他看电视的时候，突然回想起整个事件。他看着电视，摸着下巴微微思索着。电视占了很大的空间，从房间出来直直走到门口的话，中途会被墙边的电视挡住。

自从电视被发明以后，人们就喜欢盯着电视上面小小的荧幕看。经过不断地改良，电视荧幕也越做越大，甚至大到像在看小型电影。但是，随着荧幕尺寸增加，这个如橱柜一般的东西也跟着变大、变重。

乔治思考着：有没有可能把电视做得薄一点呢？将有画面显示的荧幕尽量做大，但厚度尽可能地减少。乔治思考着电视机的发展历程，从小型马达驱动的机械式电视，到由显像管组成的电子式电视，从黑白电视进步到彩色电视，但是电视的体积重量却没有减少，反而随着其荧幕变大而增加。其根本的原因，还是在于电视结构中的显像管，显像管要够

大才能发挥作用，为了装下这些显像管，也就形成了电视机后面不容忽视的突出部分。

彩色显像管内部有三支阴极电子枪，会发射出电子束，撞击荧幕表面对应像素的荧光粉，发出红、绿、蓝三种颜色的光，依不同比例可以组合成各种颜色，由百万种不同颜色的像素再组合成彩色的画面。而阴极射线管打出的电子束靠电磁场的改变来控制方向，无法快速转向，要"行走"一定的距离以后才能被转向荧幕边缘，因此显像管就需要一定的空间。如果有其他的技术可以把不同颜色的光投射到荧幕上，或许就可以取代显像管，电视的体积就能缩小。

乔治沉默了一会儿，然后想到可以试试那个新材料，也就是"液晶"。液晶具备晶体的特性，光线射入液晶物质时，会按照液晶

分子的排列方式发生偏转。而且液晶会受电场影响，生成不同排列方式。如果控制外部的电压可以调控电场，就可以通过改变液晶分子的排列方式来调整光线偏转的角度，再配合偏光板，就能控制像素格子里三原色的明暗程度，组合出想要的颜色。这样就能起到和显像管类似的作用，达到显像的目的，这岂不是太棒了！

于是，乔治利用液晶制造出了新的电视，让电视厚度只有薄薄几厘米。电视的体积缩小了，不再占用庞大空间，甚至可以挂在墙上，实在是方便许多呢！

科学大发明——液晶显示器

　　液晶这种特殊的物质是 1888 年时一位奥地利植物学家、化学家弗里德里希·莱尼泽发现的，当他在加热苯甲酸胆固醇脂时，发现这种物质在 145°C 时会融解为混浊液体，继续加热又会在 178.5°C 时变成透明液体，145°C 到 178.5°C 之间的物质状态后来被称为液晶态。之后德国物理学家奥托·雷曼发现这个物质具有特殊的双折射性，两人因此被后人誉为"液晶之父"。

　　科学家发现液晶具有动态散射效应的特殊性质，美国无线电公司的乔治·海尔迈耶利用了液晶的这项性质，在 1968 年制造出了世界上第一台液晶显示器（DSM-LCD），但是这台显示器需要在 80°C 的高温下才能运作。

　　1969 年，美国肯特州立大学液晶研究所的詹姆士·福格森发现扭曲向列场效应。他创立的伊立歌公司在两年后利用扭曲向列场效应做了一台新型的液晶显示器（TN-LCD）。新显示器的性能比旧型的动态散射效应液晶显示器（DSM-LCD）好很多，很快就占据市场主要份额，而且直到现在都是非常常见的一种液晶显示器。1983 年，瑞士布朗－博韦里股份公司改良了 TN-LCD，推出超扭

曲向列液晶显示器（STN-LCD）。

虽然最早的液晶显示器是由欧美企业发明出来的，但将液晶显示器成功推向商品化的则是夏普、精工、卡西欧等日本企业。1973年，夏普公司推出了搭配液晶显示器的计算机和手表。1988年，夏普公司展示了一款14英寸的全彩薄膜晶体管液晶显示器（TFT-LCD），此举"引爆"了日本市场，各LCD企业开始全力开发大尺寸的液晶显示器，用作电视与电脑的荧幕。

2002年，液晶显示器已经流行起来，全球的产量高达3364万台。2004年，液晶显示器的出货率超越传统显像管显示器，轻薄荧幕的新时代正式来临。

一直到今天的面板市场，液晶显示器还是主流。但也有一些强劲的竞争对手，比如有机发光二极管（OLED）显示器和量子点发光二极管（QLED）显示器，它们也在持续发展，只是价位较高，技术尚未成熟，当前还无法取代液晶显示器。

发展简史

1888年

弗里德里希·莱尼发现苯甲酸胆固醇脂在145℃到178.5℃之间呈现液晶态。

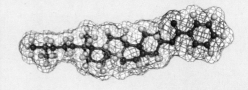

1971年

詹姆士·福格森做出扭曲向列场液晶显示器（TN-LCD），取代动态散射效应液晶显示器（DSM-LCD）。

1988年

夏普公开了薄膜晶体管液晶显示器（TFT-LCD），开启薄膜晶体管液晶显示器的时代。

2005年

索尼推出第一台LED背光液晶显示电视，荧幕变得更薄了。

科学充电站

液晶是什么东西？

如今，液晶显示器随处可见。但是，液晶到底是什么？它是一种以碳为中心的有机化合物，但它长什么样子呢？

说到固体、液体、气体这三种物质状态，应该没人不知道，因为它们在自然界中最常见。固体的部分，又可以分为晶体和非晶体两种。晶体里面的原子或分子，排列方式是有规则的，会形成一定的几何外型；非晶体则不会按照规则排列。

而液晶，是液态晶体的简称，从名字就可以知道它是介于晶体和液体之间的状态——可以流动，却又拥有结晶的光学性质。在某一温度范围内会出现液晶相，若持续降温会生成正常结晶的物质。这些中间态分子容易受到外力影响，生成流动。外加的电场可以改变液晶的排列状态，让光线通过液晶层时的光学特性发生改变，这称为液晶的光电效应。液晶显示器就是根据这个原理设计的，包括扭曲向列型液晶显示器、超扭曲向列型液晶显示器及薄膜晶体管液晶显示器。

液晶

偏振光的魔法

液晶显示器借由改变电场来控制液晶分子旋转的方向，使不同方向的偏振光通过，我们也来做实验看看吧！

再拿一片偏振片放到平板荧幕前上下移动，破坏原本的偏光效果，就又可以看到原本的画面了。

材料

偏振片

照相机

平板电脑

偏光镜

步骤

1 用平板电脑对着任何物体或背景拍照，然后调整平板电脑位置使平板中的景物与背后的景物重叠对齐。

2 拿出摄影使用的偏光镜，并旋转直到平板荧幕上的影像无法穿透偏光镜。

3 在不旋转偏光镜的情况下，将它装在相机镜头上（相机要打开），接下来通过相机的镜头来观察，可以发现原本平板电脑中的照片消失了。

有没有可能用中子来生成核分裂？

这个嘛……

"那么，我们发现的究竟是什么呢？"弗里茨挠挠头问。

"这个嘛"哈恩眉头深皱，双手交叉坐在一张高脚圆凳子上说，"实验完之后，我们似乎得到了一种原子序比铀还小的元素。"他的声音忽然变得微弱，与其说他觉得眼前这个问题不好回答，不如说他不太相信自己的答案。

在设备简陋的实验室里，两个人已经坐在这里讨论大半天了，但还是没有得到满意的结论。他们用来做实验的设备和

其他实验室差不多，不同的是，哈恩喜欢做别人没做过的实验。

几天前，他们在实验中尝试用中子来撞击铀原子核。哈恩之所以选择用中子来撞击而不选择α粒子，是因为中子不带电，不会受到原子内部带负电的电子和带正电的质子的干扰，更容易影响原子核。这时中子才刚被发现没多久，现在的科学家对它还十分陌生。但正因为如此，才让哈恩特别好奇。

"但这个结果跟大家所知道的还是有出入。一般不是都认为，拿中子或α粒子来撞击铀，它们便会和铀的原子核结合吗。那么，撞击的结果，应该要形成质量更大的超铀元素才对，就是原子序数比铀还要大的那些东西。"弗里茨说。

结果他们的实验却得到一些原子序比铀还要小的物质，而且这个反应进行得很迅速，还伴随着相当高的能量生成。这个结果相当奇怪，对于释放原子能这件事，许多科学家抱着怀疑的态度，他们认为要打破原子核需要额外供给非常大的能量，所以不可能在打破原子核的同时生成能量，但这和实验结果冲突。

"眼见为实，弗里茨，主流什么的，我从来都不相信！"哈恩坚定地说。

弗里茨微微一笑，哈恩总是敢于挑战，所以他们一起做实验从来不会无聊。这时他忽然想到可以去问别人，也许其他科学家有什么新发现也说不定。

"对了，莉泽那边还好吗？"弗里茨问。

"她现在在瑞典，我们可以写信跟她讨论一下这个问题。"哈恩说。

莉泽是一位优秀的科学家，也是哈恩的另一位研究伙伴，和哈恩合作长达三十年之久。于是，哈恩用书信的方式向莉泽询问意见。莉泽看了实验的结果后相当有兴趣。

"看来你们有了新的发现，铀没有因为中子撞击而形成原子序数更大的元素，而是被分裂为大约两半，你们的结果是正

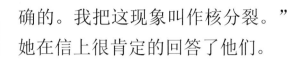

确的。我把这现象叫作核分裂。"
她在信上很肯定的回答了他们。

"核分裂吗？"哈恩没那么有
把握。不过莉泽在信的最后引用了
一个爱因斯坦所发明的公式，这公
式正是解开这个现象的关键。受到莉泽的
鼓舞后，哈恩和弗里茨继续做实验，搜集到
足够多的证据，在隔年便证明自己真的发现了铀的核分裂——
铀原子受到中子撞击，不但分裂成原子序数较小的元素，还
放出了中子和大量的能量！这个结果震撼了科学界。

哈恩还发现，核分裂生成的中子可以进一步引起其他铀
原子的核分裂，造成滚雪球般的连锁效应。而这个现象，就
是后来核电厂的发电原理和原子弹的爆炸原理。

科学大发明——核能

1938 年，德国科学家奥托·哈恩、莉泽·迈特纳和弗里茨·斯特拉斯曼共同发现了核分裂的现象。4 年后，美国物理学家恩里科·费米在芝加哥大学用高纯度的铀和石墨堆成了著名的"芝加哥一号堆"。这是历史上第一座可以被人类控制的核反应堆。

不过，核分裂最早的应用是拿来制造原子弹。1945 年，美国在日本广岛和长崎各投放了一颗原子弹，之后不久，日本无条件投降，第二次世界大战结束，人们首次见到核武器的恐怖。

核能发电的开端则是 1951 年，美国爱达荷州阿科市的一号试验性增殖反应堆成功利用核分裂提供电力，点亮了四个灯泡。这是人类最早生成电能的核子反应堆，之后核能发电开始蓬勃发展。1954 年，美国海军建造的鹦鹉螺号核潜艇，是世界上第一艘用核能当动力的潜艇。

1957 年，为了发展核能、创造欧洲的原子能市场，欧洲原子能共同体成立。同年，为了推广核能的和平用途，国际原子能机构正式成立。

人们对电力的需求不断增加，核能发电在早期取得的成功，让人们看到新的希望。到了 19 世纪 70 年代，核能电厂的兴建计划纷纷出现。1971 年，美国政府收到 41 座核能电厂兴建的申请。科学家们评估安全风险之后，认为核能比所有工业都要安全。

不过，1979 年，美国宾夕法尼亚州的三哩岛核电厂发生堆心熔毁的事故。虽然民众的健康没有因此受到威胁，但依然打击了人们对核能工业的信心。1986 年，因人员操作不当，位于乌克兰的切尔诺贝利核电厂的 4 号核子反应堆功率激增，最后造成蒸汽爆炸。这场意外堪称史上最严重的核能事故，数十万人暴露在高度放射线中。19 世纪 80 年代之后，电力不再缺乏，核电厂的发展迟缓下来。这两次事故，也使反核的运动不断掀起，许多国家甚至彻底拒绝核能。

21 世纪，受到全球暖化议题的影响，核能再次成为选择。有些科学家视核能为拯救全球暖化的主要方案。核动力太空飞行器及核能在太空中的使用成为人类下一步的目标。

发展简史

1942 年

费米用高纯度的铀和石墨堆成了历史上第一座核反应器。

1945 年

美国在日本投放了两颗原子弹，结束了第二次世界大战。

1954 年

美国海军建造鹦鹉螺号核子动力潜艇，是第一艘用核能当动力的潜艇。

1957 年

为了推广核能的和平用途，国际原子能机构声明成立。

核分裂是怎么发生的？

核分裂是核反应的一种，指的是比较重的原子分裂成比较轻的原子。原子弹以及核电厂的基本原理都是核分裂。

我们已知核分裂是可以被控制的，那么具体来说，这件事是怎么发生的呢？举个例子：当我们给铀-235的原子核一个中子，使它变成铀-236原子核时，新的原子核会处于不稳定的状态，于是分裂成氪-92和钡-141两个较小的原子核，同时也释放出三个中子、γ射线和能量。生成的中子会开启下一波的核分裂反应，当它们撞击其他的铀-235时，新的分裂就会开始。这一连串的反应过程称为连锁反应。

核分裂反应不断发生，中子数量呈指数增加，释放的能量也会随之大幅增加。不过，核能发电需要控制核分裂发生的速度，使能量稳定生成。

不同于核电厂的稳定控制，像原子弹这种核武器的核分裂会快速地发生，瞬间生成巨大能量，这些能量能够产生强大的爆炸。

核分裂连锁反应

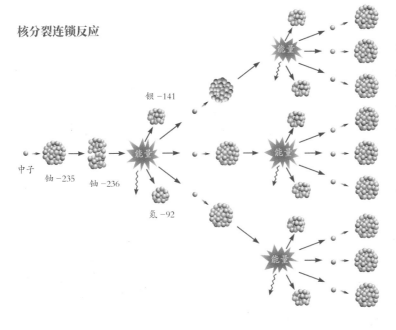

中子 铀-235 铀-236 能量 钡-141 氪-92

还有一种和核分裂相对的核反应叫做核融合，主要指将氢原子的同位素融合成一个氦原子，并释放出巨大的能量。这种反应不会有辐射污染，是人类所期待的干净能源。不过当前的技术还不够成熟，无法用来发电。

骨牌的连锁效应

核分裂能够生成巨大的能量，是因为中子撞击铀原子核时会分裂生成更多新的中子，继续撞击其他铀原子生成连锁反应。我们就用骨牌来了解这样的连锁反应可以造成多大的变化吧。

全部排完以后，轻轻推动第一级排头的骨牌，骨牌会陆续将后面的骨牌推倒，推倒第二级、第三级、第四级，一直到最后一级。只要轻轻推动一块骨牌就把所有的骨牌都推倒了。

材料

骨牌

步骤

1 在地板的一边放置一块骨牌当作第一级排头。

2 接着约每隔1厘米放一块骨牌，放置五块骨牌后，再隔1厘米在其左右两边各放一块骨牌为第二级排头。

3 在第二级排头后分别连续放五块骨牌，再在其后方1厘米处左右两边各放一块骨牌为第三级排头；依此类推，直到放完所有骨牌为止。

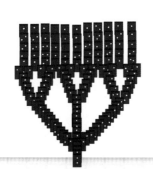